EXPOSÉ

DES

TRAVAUX SCIENTIFIQUES

DE M. A. CROVA.

PROFESSEUR DE PHYSIQUE A LA FACULTÉ DES SCIENCES DE MONTPELLIER.

MONTPELLIER

TYPOGRAPHIE ET LITHOGRAPHIE BOEHM ET FILS

IMPRIMEURS DE L'ACADÉMIE DES SCIENCES ET LETTRES

LA GAZETTE HEBDOMADAIRE DES SCIENCES MÉDICALES ; ÉDITEURS DU MONTPELLIER MÉDICAL.

1882

EXPOSÉ

DES

TRAVAUX SCIENTIFIQUES

De M. A. CROVA.

Professeur de Physique à la Faculté des Sciences de Montpellier.

1853.

NOTE SUR L'ACTION DE LA CHALEUR SUR LES PILES. (Présentée à l'*Académie des Sciences de Montpellier*, juin 1853. — Insérée dans ses *Procès-verbaux*.)

NOTE SUR UNE NOUVELLE PILE A COURANT CONSTANT. (*Comptes rendus des séances de l'Académie des Sciences de Paris*, tom. XXXVII, pag. 540.)

Dans cette Note, je décris une nouvelle pile à bichromate de potasse, et je compare sa force électromotrice et sa résistance à celle d'un élément Bunsen.

1854.

NOTE SUR UNE NOUVELLE PILE A COURANT CONSTANT. (*Comptes rendus des séances de l'Académie des Sciences de Paris*, tom. XXXVIII, pag. 252.)

NOTE SUR DE NOUVELLES PILES A COURANT CONSTANT. (*Comptes rendus des séances de l'Académie des Sciences de Paris*, tom. XXXVIII, pag. 939.)

Dans ces deux notes, je décris l'élément à bichromate à un seul liquide, et j'indique la construction de nouveaux éléments charbon-zinc à montures en plomb, dépolarisées par l'air, qui ont été appliquées au service continu du poste télégraphique de Perpignan.

1854-55.

Continuation des essais faits au poste télégraphique de Perpignan avec l'autorisation de M. le vicomte de Vougy. — Rapport très favorable de M. Delaya, directeur du poste télégraphique de Perpignan.

1856.

Mémoires sur de nouvelles piles et sur les moteurs électro-magnétiques. (*Mémoires de la Société scientifique des Pyrénées-Orientales,* vol. X, pag. 415.)

Dans ce Mémoire, je donne la théorie des piles exposées dans les travaux précédents, et des phénomènes chimiques qui s'y produisent.

1862.

Mémoire sur les lois de la variation de la force électromotrice de polarisation. (Thèse soutenue devant la Faculté des Sciences de Montpellier, le 12 avril 1862.)

Note sur les lois de la variation de la force électromotrice de polarisation. (*Comptes rendus des séances de l'Académie des Sciences de Paris,* tom. XLIX.)

Mémoire sur le même sujet, inséré dans les *Annales de Chimie et de Physique,* IIIe série, tom. LXVIII.

Ces Mémoires contiennent l'exposé de mes travaux sur la polarisation.

Sur la formation de l'acétylure de cuivre dans les tubes de cuivre qui ont servi a la conduite du gaz de l'éclairage. (*Comptes rendus des séances de l'Académie des Sciences de Paris,* tom. LV, pag. 435.)

1863.

Réponse a une réclamation de M. Raoult. (*Annales de Chimie et de Physique,* IVe série, pag. 464.)

Dans cette réponse, je rétablis mes droits de priorité sur quelques points de mes travaux sur la polarisation, qui étaient l'objet des revendications de M. Raoult.

1864.

DE L'INFLUENCE QU'EXERCE LA POLARISATION SUR LES LOIS DES PILES A UN LIQUIDE. (*Comptes rendus des séances de l'Académie des Sciences de Paris*, tom. LVIII, pag. 247.)

MÉMOIRE SUR LES LOIS DE LA VARIATION DE LA FORCE ÉLECTROMOTRICE DES PILES A UN LIQUIDE. (*Annales de Chimie et de Physique*, ive série, tom. IV.)

Dans ces travaux, je donne la loi de la force électromotrice des éléments à un liquide formés par le zinc associé à divers métaux et avec le charbon platiné.

NOTE SUR LES PROPRIÉTÉS ÉLECTRO-CHIMIQUES DE L'HYDROGÈNE. (Communiquée à la réunion des Sociétés savantes à la Sorbonne, avril 1864.)

Dans ce travail, je démontre la perméabilité du platine pour l'hydrogène par voie électrolytique et l'absorption de l'hydrogène par le mercure.

1865.

NOTE SUR LE POUVOIR RÉDUCTEUR DE L'HYDROGÈNE. (*Procès-verbaux des séances de l'Académie des Sciences de Montpellier*, 13 mars 1865.)

Dans ce travail, je démontre la non-existence de l'hydrogène allotropique, et j'indique l'absorption de l'hydrogène par le permanganate de potasse et le chlorure d'or.

1866.

DESCRIPTION D'UN APPAREIL POUR LA PROJECTION MÉCANIQUE DES MOUVEMENTS VIBRATOIRES. (*Mémoires de l'Académie des Sciences et Lettres de Montpellier*, tom. VI, pag. 295.)

Même Mémoire aux diverses additions. (*Annales de Chimie et de Physique*, ive série, tom. XII, pag. 282.)

Dans ces deux Mémoires, je donne la théorie et la construction de l'appareil de projection qui représente les principaux phénomènes de l'acoustique (propagation, réflexion, interférence du son, tuyaux sonores, vibration de l'éther), appareil qui est construit par M. Kœnig et M. Ducretet, et qui se trouve dans divers cabinets de *Physique de la France et de l'Étrange* .

1869.

ACTION DE LA CHALEUR SUR LA FORCE ÉLECTROMOTRICE DES PILES. (*Comptes rendus des séances de l'Académie des Sciences de Paris*, tom. LXVIII.)

SUR LE RANG QU'OCCUPE L'HYDROGÈNE DANS LA SÉRIE ÉLECTRO-CHIMIQUE. (*Procès-verbaux des séances de l'Académie des Sciences et Lettres de Montpellier*, 12 avril 1869.)

SUR LA FORCE ÉLECTROMOTRICE DE L'ÉLÉMENT DU ZINC-PALLADIUM COMPARÉE A SON ÉQUIVALENT CALORIFIQUE. (*Procès-verbaux des séances de l'Académie des Sciences et Lettres de Montpellier*, 13 décembre 1869.)

1871.

CONSTRUCTION D'APPAREILS TÉLÉGRAPHIQUES A SIGNAUX LUMINEUX DE JOUR ET DE NUIT POUR LES ARMÉES EN CAMPAGNE ET LES PLACES FORTES (en collaboration avec LEVERRIER). (*Comptes rendus des séances de l'Académie des Sciences de Paris*, tom. LXXII, pag. 269.)

PHÉNOMÈNES D'INTERFÉRENCE PAR LES RÉSEAUX PARALLÈLES. (*Comptes rendus des séances de l'Académie des Sciences de Paris*, tom. LXXII, pag. 855.)

1872.

OBSERVATIONS MAGNÉTIQUES FAITES PENDANT L'AURORE BORÉALE du 4 février 1872. (*Comptes rendus des séances de l'Académie des Sciences de Paris*, tom. LXXIV, pag. 547.)

CONSIDÉRATIONS THÉORIQUES SUR LES ÉCHELLES DE TEMPÉRATURE ET LE COEFFICIENT DE DILATATION DES GAZ PARFAITS. (*Comptes rendus des séances de l'Académie des Sciences de Paris*, tom. LXXIV, pag. 932. — *Mémoires de l'Académie des Sciences et Lettres de Montpellier*, année 1872.*

PHÉNOMÈNES D'INTERFÉRENCE PAR LES RÉSEAUX PARALLÈLES. — 2ᵉ partie. (*Comptes rendus des séances de l'Académie des Sciences de Paris,* tom. LLXIV.)

COMMUNICATION SUR LES PHÉNOMÈNES D'INTERFÉRENCE PAR LES RÉSEAUX PARALLÈLES, FAITS A LA SORBONNE (avril 1872).

1873.

PHÉNOMÈNES D'INTERFÉRENCE PAR LES RÉSEAUX PARALLÈLES. (*Mémoires de l'Académie des Sciences et Lettres de Montpellier,* mars 1873.)

Même Mémoire. (*Annales de Chimie et de Physique,* vᵉ série, tom. I, pag. 407.)

RAPPORT SUR L'ORGANISATION MÉTÉOROLOGIQUE RÉGIONALE DE LA FRANCE, par MM. RAULIN et CROVA. (*Annales de l'Observatoire de Paris,* 1873.)

1874.

CONSTRUCTION D'UN ÉTALON DE RÉSISTANCE ÉLECTRIQUE. (*Journal de Physique,* tom. III, pag. 54.)

MESURE DE LA FORCE ÉLECTROMOTRICE DES PILES PAR LA MÉTHODE GRAPHIQUE. (*Journal de Physique,* tom. III, pag. 278.)

MESURES EN UNITÉS ABSOLUES DE LA FORCE ÉLECTROMOTRICE DES PILES. (*Comptes rendus des séances de l'Académie des Sciences de Paris,* tom. LXXVIII, pag. 965.)

SUR UN NOUVEAU RHÉOSTAT. (*Journal de Physique,* tom. III, pag. 124.)

BULLETIN MÉTÉOROLOGIQUE DE L'OUEST MÉDITERRANÉEN, publié par M. CROVA, sous les auspices du Conseil général de l'Hérault. (Année 1873.)

1875.

DE L'INTENSITÉ CALORIFIQUE DES RADIATIONS SOLAIRES, ET DE LEUR ABSORPTION PAR L'ATMOSPHÈRE TERRESTRE. (*Comptes rendus des séances de l'Académie des Sciences de Paris,* tom. LXXXI, pag. 1205.)

Bulletin météorologique de l'Hérault, publié par M. Crova, sous les auspices du Conseil général de l'Hérault. (Année 1874.)

Sur une expérience relative a la transformation des forces. (*Journal de Physique*, tom. IV, pag. 357.)

1876.

Recherches sur les lois de la transmission par l'atmosphère terrestre des radiations calorifiques du soleil. (*Comptes rendus des séances de l'Académie des Sciences de Paris*, tom. LXXXII, pag. 81.)

Note sur les pluies de septembre dans la région de l'ouest méditerranéen. (*Atlas météorologique de l'Observatoire de Paris*, année 1875.)

Description d'un nouveau baromètre-balance enregistreur. (*Mémoires de l'Académie des Sciences et Lettres de Montpellier*, année 1875.)

Sur la répartition de la radiation solaire a Montpellier pendant l'année 1875. (*Comptes rendus des séances de l'Académie des Sciences de Paris*, tom. LXXXII, pag. 357.)

Communication sur la chaleur solaire, faite à la réunion des Sociétés savantes à la Sorbonne, le 27 avril 1876.

Mesure de l'intensité calorifique des radiations solaires et de leur absorption par l'atmosphère terrestre. (*Mémoires de l'Académie des Sciences et Lettres de Montpellier*, tom. IX, pag. 1. — Id. — Dans les *Annales de Chimie et de Physique*, vᵉ série, tom. XI, pag. 443.)

Bulletin météorologique de l'Hérault, publié par M. Crova, sous les auspices du Conseil général de l'Hérault. (Année 1875.)

1877.

Mesure de l'intensité calorifique des radiations solaires reçues a la surface du sol. (*Comptes rendus des séances de l'Académie des Sciences de Paris*, tom. LXXXIV, pag. 495.)

Instruction sur les baromtères anéroïdes. (*Atlas météorologique de l'Observatoire de Paris*, année 1876.)

MESURE DE LA TEMPÉRATURE DU SOL A DIVERSES PROFONDEURS. *(Bulletin météorologique de l'Hérault,* année 1876.)

MESURE DE L'INTENSITÉ CALORIFIQUE DES RADIATIONS SOLAIRES EN 1876. *(Atlas météorologique de l'Observatoire de Paris,* année 1876.)

BULLETIN MÉTÉOROLOGIQUE DE L'HÉRAULT, publié par M. CROVA, sous les auspices du Conseil général. (Année 1876.)

1878.

MESURE DE L'INTENSITÉ CALORIFIQUE DES RADIATIONS SOLAIRES. *(Comptes rendus des séances de l'Académie des Sciences de Paris,* tom. LXXXVII, pag. 106.)

BULLETIN MÉTÉOROLOGIQUE DE L'HÉRAULT, publié par M. CROVA, sous les auspices du Conseil général. (Année 1877.)

ÉTUDE SPECTROMÉTRIQUE DE QUELQUES SOURCES LUMINEUSES. *(Comptes rendus des séances de l'Académie des Sciences de Paris,* tom. LXXXVII, pag. 322.)

ÉTUDE SUR LES RADIATIONS ÉMISES PAR LES SOURCES CALORIFIQUES ET LUMINEUSES. *(Journal de Physique,* tom. VII, pag. 357.)

1879.

MESURE SPECTROMÉTRIQUE DES HAUTES TEMPÉRATURES. *(Comptes rendus des séances de l'Académie des Sciences de Paris,* tom. LXXXVII, pag. 979.)

NOTE SUR LES SPECTROPHOTOMÈTRES. *(Journal de Physique,* tom. VIII, pag. 85.)

BULLETIN MÉTÉOROLOGIQUE DE L'HÉRAULT, publié par M. CROVA, sous les auspices du Conseil général. (Année 1878.)

MESURE SPECTROMÉTRIQUE DES HAUTES TEMPÉRATURES. *(Journal de Physique,* tom. VIII, pag. 196.)

1880.

MESURE SPECTROMÉTRIQUE DES HAUTES TEMPÉRATURES. (*Comptes rendus des séances de l'Académie des Sciences de Paris*, tom. XC, pag. 252.)

MESURE DE L'INTENSITÉ CALORIFIQUE DES RADIATIONS SOLAIRES, ET DE LEUR ABSORPTION PAT L'ATMOSPHÈRE TERRESTRE (*Annales de Chimie et d Physique*, v^e série, tom. XIX. pag. 167.)

ÉTUDE DES RAD'ATIONS ÉMISES PAR LES CORPS INCANDESCENTS, MESURE OPTIQUE DES HAUTES TEMPÉRATURES. (*Annales de Chimie et de Physique*, v^e série, tom. XIX, pag. 472.)

BULLETIN MÉTÉOROLOGIQUE DE L'HÉRAULT, publié par M. CROVA, sous les auspices du Conseil général. (Année 1879.)

ÉTUDE DES PRISMES POLARISEURS. (*Journal de Physique*, tom. IX, pag. 152.)

COMMUNICATION SUR LA RADIATION SOLAIRE FAITE A LA SORBONNE, à la réunion des Sociétés savantes, en mars 1880.

1881.

ÉTUDES SUR LES SPECTROPHOTOMÈTRES. (*Comptes rendus des séances de l'Académie des Sciences de Paris*, tom. XCII, pag. 36.)

SUR UNE NOUVELLE MÉTHODE DE PRODUCTION DE SIGNAUX LUMINEUX INTERMITTENTS. (*Comptes rendus des séances de l'Académie des Sciences de Paris*, tom. XCI, pag. 1061.)

EXPÉRIENCES FAITES DANS LES USINES DU CREUSOT POUR LA MESURE OPTIQUE DES HAUTES TEMPÉRATURES. (*Comptes rendus des séances de l'Académie des Sciences de Paris*, tom. XCII, pag. 70.)

ÉTUDE DES ABERRATIONS DES PRISMES ET DE LEUR INFLUENCE SUR LES OBSERVATIONS SPECTROSCOPIQUES. (*Annales de Chimie et de Physique*, v^e série, tom. XXII, pag. 513.)

APPAREIL POUR PROJETER LES IMAGES A UNE DISTANCE QUELCONQUE, AVEC UN GROSSISSEMENT VARIABLE. (*Journal de Physique*, tom. X, pag. 158.)

INSCRIPTION MÉCANIQUE DES FIGURES DE LISSAJOUS, AVEC DIFFÉRENCE DE PHASE VARIABLE A VOLONTÉ. (*Journal de Physique* tom. X, pag. 253.)

BULLETIN MÉTÉOROLOGIQUE DE L'HÉRAULT, publié par M. CROVA, sous les auspices du Conseil général. (Année 1880.)

COMPARAISON PHOTOMÉTRIQUE DES LUMIÈRES DE TEINTES DIFFÉRENTES. (*Comptes rendus des séances de l'Académie des Sciences de Paris*, tom. XCIII, pag. 512.)

1882.

DÉTERMINATION DU POUVOIR ÉCLAIRANT DE DIVERSES LUMIÈRES SIMPLES, par MM. CROVA et LAGARDE. (*Comptes rendus des séances de l'Académie des Sciences de Paris*, tom. XCIII, pag. 959.)

SUR LA PHOTOMÉTRIE. (*Revue scientifique*, 25 février 1872, pag. 225.)

MESURE PHOTOMÉTRIQUE DE L'INTENSITÉ LUMINEUSE DES DIVERSES LUMIÈRES SIMPLES, par MM. CROVA et LAGARDE. (*Journal de Physique*, mars 1882.)

Montpellier, 1er mars 1882.

A. CROVA.

www.ingramcontent.com/pod-product-compliance
Lightning Source LLC
Chambersburg PA
CBHW061858080726
47597CB00010BA/4296